Eurocode 2：混凝土结构设计

第3部分：储液和挡液结构

BS EN 1992-3:2006

[英] 英国标准化协会（BSI）

欧洲结构设计标准译审委员会 **组织翻译**

陈桂斌　刘小芬　肖霁君 **译**

李　顺 **一审**

张　勇 **二审**

冯　鹏 **三审**

人民交通出版社股份有限公司

北　京

图书在版编目(CIP)数据

Eurocode 2:混凝土结构设计. 第3部分 : 储液和挡液结构 BS EN 1992-3:2006 / 英国标准化协会(BSI)编; 陈桂斌, 刘小芬, 肖霁君译. — 北京 : 人民交通出版社股份有限公司, 2019.11

ISBN 978-7-114-15894-0

Ⅰ. ①E… Ⅱ. ①英… ②陈… ③刘… ④肖… Ⅲ. ①混凝土结构—结构设计—建筑规范—欧洲 Ⅳ. ①TU370.4

中国版本图书馆CIP数据核字(2019)第238856号

著作权合同登记号:图字01-2019-6351

Eurocode 2:Hunningtu Jiegou Sheji Di 3 Bufen:Chuye he Dangye Jiegou

书　　名:Eurocode 2:混凝土结构设计　第3部分:储液和挡液结构
BS EN 1992-3:2006
著 作 者:英国标准化协会(BSI)
译　　者:陈桂斌　刘小芬　肖霁君
总 策 划:朱伽林　韩　敏　孙　玺
责任编辑:李　晴　钱　堃　李学会
责任校对:刘　芹
责任印制:张　凯
出版发行:人民交通出版社股份有限公司
地　　址:(100011)北京市朝阳区安定门外外馆斜街3号
网　　址:http://www.ccpress.com.cn
销售电话:(010)59757973
总 经 销:人民交通出版社股份有限公司发行部
经　　销:各地新华书店
印　　刷:北京虎彩文化传播有限公司
开　　本:880×1230　1/16
印　　张:3
字　　数:54千
版　　次:2019年11月　第1版
印　　次:2020年6月　第2次印刷
书　　号:ISBN 978-7-114-15894-0
定　　价:240.00元
(有印刷、装订质量问题的图书,由本公司负责调换)

出 版 说 明

包括本标准在内的欧洲结构设计标准(Eurocodes)及其英国附件、法国附件和配套设计指南的中文版,是2018年国家出版基金项目“土木工程欧洲规范翻译与比较研究出版工程(一期)”的成果。

在对欧洲结构设计标准及其相关文本组织翻译出版过程中,考虑到标准的特殊性、用户基础和应用程度,我们在力求翻译准确性的基础上,还遵循了一致性和有限性原则。在此,特就有关事项作如下说明:

1. 本标准中文版根据英国标准化协会(BSI)提供的英文版进行翻译,仅供参考之用,如有异议,请以原版为准。

2. 中文版的排版规则原则上遵照外文原版。

3. Eurocode(s)是个组合再造词。本标准及相关标准范围内,Eurocodes特指一系列共10部欧洲标准(EN 1990 ~ EN 1999),旨在为房屋建筑和构筑物及建筑产品的设计提供通用方法;Eurocode与某一数字连用时,特指EN 1990 ~ EN 1999中的某一部,例如,Eurocode 8指EN 1998结构抗震设计。经专家组研究,确定Eurocode(s)宜翻译为“欧洲结构设计标准”,但为了表意明确并兼顾专业技术人员用语习惯,在正文翻译中保留Eurocode(s)不译。

4. 书中所有的插图、表格、公式的编排以及与正文的对应关系等与外文原版保持一致。

5. 书中所有的条款序号、括号、函数符号、单位等用法,如无明显错误,与外文原版保持一致。

6. 在不影响阅读的情况下书中涉及的插图均使用英文原版插图,仅对图中文字进行必要的翻译和处理;对部分影响使用的英文原版插图进行重绘。

7. 书中涉及的人名、地名、组织机构名称以及参考文献等均保留外文原文。

特别致谢

本标准的译审由以下单位和人员完成。中国电建集团中南勘测设计研究院有限公司的陈桂斌、刘小芬、肖霁君承担了主译工作,天津水泥工业设计研究院有限公司的李顺、中交第四航务工程勘察设计院有限公司的张勇、清华大学的冯鹏承担了主审工作。他(她)们分别为本标准的翻译工作付出了大量精力。在此谨向上述单位和人员表示感谢!

欧洲结构设计标准译审委员会

主 任 委 员：周绪红（重庆大学）
副主任委员：朱伽林（人民交通出版社股份有限公司）
杨忠胜（中交第二公路勘察设计研究院有限公司）
秘　书　长：韩　敏（人民交通出版社股份有限公司）
委　　　员：秦顺全（中铁大桥勘测设计院集团有限公司）
聂建国（清华大学）
陈政清（湖南大学）
岳清瑞（中冶建筑研究总院有限公司）
卢春房（中国铁道学会）
吕西林（同济大学）
（以下按姓氏笔画排序）
王　佐（中交第一公路勘察设计研究院有限公司）
王志彤（中国天辰工程有限公司）
冯鹏程（中交第二公路勘察设计研究院有限公司）
刘金波（中国建筑科学研究院有限公司）
李　刚（中国路桥工程有限责任公司）
李亚东（西南交通大学）
李国强（同济大学）
吴　刚（东南大学）
张晓炜（河南省交通规划设计研究院股份有限公司）
陈宝春（福州大学）
邵长宇［上海市政工程设计研究总院（集团）有限公司］
邵旭东（湖南大学）
周　良［上海市城市建设设计研究总院（集团）有限公司］
周建庭（重庆交通大学）
修春海（济南轨道交通集团有限公司）
贺拴海（长安大学）
黄　文（航天建筑设计研究院有限公司）
韩大章（中设设计集团股份有限公司）
蔡成军（中国建筑标准设计研究院）
秘书组组长：孙　玺（人民交通出版社股份有限公司）
秘书组副组长：狄　谨（重庆大学）
秘书组成员：李　喆　卢俊丽　李　瑞　李　晴　钱　堃
岑　瑜　任雪莲　蒲晶境（人民交通出版社股份有限公司）

欧洲结构设计标准译审委员会总体组

组　　长：余顺新（中交第二公路勘察设计研究院有限公司）

成　　员：（按姓氏笔画排序）

王敬烨（中国铁建国际集团有限公司）

车　轶（大连理工大学）

卢树盛［长江岩土工程总公司（武汉）］

吕大刚（哈尔滨工业大学）

任青阳（重庆交通大学）

刘　宁（中交第一公路勘察设计研究院有限公司）

宋　婕（中国建筑标准设计研究院）

李　顺（天津水泥工业设计研究院有限公司）

李亚东（西南交通大学）

李志明（中冶建筑研究总院有限公司）

李雪峰［上海市城市建设设计研究总院（集团）有限公司］

张　寒（中国建筑科学研究院有限公司）

张春华（中交第二公路勘察设计研究院有限公司）

狄　谨（重庆大学）

胡大琳（长安大学）

姚海冬（中国路桥工程有限责任公司）

徐晓明（航天建筑设计研究院有限公司）

郭　伟（中国建筑标准设计研究院）

郭余庆（中国天辰工程有限公司）

黄　侨（东南大学）

谢亚宁（中设设计集团股份有限公司）

秘　　书：李　喆（人民交通出版社股份有限公司）

卢俊丽（人民交通出版社股份有限公司）

英国标准

BS EN
1992-3:2006

Eurocode 2：
混凝土结构设计

第3部分：储液和挡液结构

ICS 91.010.30;91.080.40

国家前言

本英国标准为 EN 1992-3:2006 在英国的实施版本。本标准替代已废止的 DD ENV 1992-4:2000。

受房屋建筑和土木工程结构技术委员会 B/525 的委托,在本英国标准的相关工作由作用(荷载)和设计基础分委员会 B/525/1 负责,其职责为:

—帮助咨询者理解标准文本;

—向负责的国际/欧洲委员会提供解释的查询或变更建议,并及时通知英国相关方面;

—关注国际和欧洲的相关进展,并在英国公布。

可向秘书处索要该分委员会的组织机构名单。

欧洲结构设计标准按主要材料类型分为:混凝土结构、钢结构、钢与混凝土组合结构、木结构、砌体结构和铝结构,以使某一特定设计所需的所有相关部分有共同的废止日期(DOW)。当所有欧洲标准发布后,与之相冲突的国家标准将在共存期结束时废止。

在欧洲标准发布后,允许有 2 年的国家修正期,在此期间欧洲标准化委员会(CEN)成员国发布各自的国家附件,随后是最长 3 年的共存期。在共存期内,鼓励各成员国调整其国家条款,以期在共存期结束前废止相冲突的国家条款。CEN 经与各成员国协商,就各项欧洲结构设计标准的共存期结束时间达成一致。

在共存期结束时,与欧洲标准相冲突的部分将被废止。

在英国,对应的国家标准为:

BS 8007:1987 挡液混凝土结构设计实施规程。

在上述过渡期的基础上,该标准将择日宣布废止。

本英国标准于 2006 年 7 月 31 日由标准政策和策略委员会授权发布

ISBN 0 580 48267 7

自发布以来提出的修订/勘误

修订编号	日期	备注

交叉引用

本标准中提及执行国际或欧洲出版物的英国标准可在BSI目录中题为“国际标准对应索引”的章节下找到，也可使用BSI电子目录中或英国标准在线中的“搜索”功能得到。

本出版物不包含合同的所有必要条款。用户对其正确使用负责。

符合英国标准并不表示可以免除法律责任。

欧洲标准

EN 1992-3

2006 年 6 月

ICS 91.010.30;91.080.40

替代 ENV 1992-4:1998

英文版

Eurocode 2:混凝土结构设计　第 3 部分:储液和挡液结构

本欧洲标准于 2005 年 11 月 24 日经欧洲标准化委员会(CEN)批准。

CEN 成员均须遵守 CEN/CENELEC 内部规章,其条款规定了在不作任何修改的情况下给予本欧洲标准国家标准地位的条件。可向管理中心或任何 CEN 成员提出申请,获取这些国家标准的最新清单和参考书目。

本欧洲标准有三个官方版本(英文版、法文版和德文版)。任何其他语言的版本,由 CEN 成员负责翻译成本国语言,并通知管理中心,其具有与官方版本相同的地位。

CEN 成员为各国的国家标准机构,包括奥地利、比利时、塞浦路斯、捷克、丹麦、爱沙尼亚、芬兰、法国、德国、希腊、匈牙利、冰岛、意大利、拉脱维亚、立陶宛、卢森堡、马耳他、荷兰、挪威、波兰、葡萄牙、罗马尼亚、斯洛伐克、斯洛文尼亚、西班牙、瑞典、瑞士和英国。

EUROPEAN COMMITTEE FOR STANDARDIZATION
COMITÉ EUROPÉEN DE NORMALISATION
EUROPÄISCHES KOMITEE FÜR NORMUNG

管理中心:斯大萨特街 36 号,B-1050,布鲁塞尔

(rue de Sassart,36 B-1050 Brussels)

文献编号: EN 1992-3:2006:E

目　　次

前言

本欧洲标准(EN 1992-3:2006)由“Structural Eurocodes”技术委员会 CEN/TC 250 编制,其秘书处设在英国标准化协会(BSI)。

本欧洲标准应于 2006 年 12 月前通过发布等同文本或认可文件的形式,被赋予国家标准的地位,与之冲突的国家标准最迟应于 2010 年 3 月废止。

本标准替代 ENV 1992-4。

CEN/TC 250 对所有欧洲结构设计标准负责。

根据 CEN/CENELEC 内部规章,以下国家的国家标准组织机构必须执行本欧洲标准:奥地利、比利时、塞浦路斯、捷克、丹麦、爱沙尼亚、芬兰、法国、德国、希腊、匈牙利、冰岛、意大利、拉脱维亚、立陶宛、卢森堡、马耳他、荷兰、挪威、波兰、葡萄牙、罗马尼亚、斯洛伐克、斯洛文尼亚、西班牙、瑞典、瑞士和英国。

Eurocode 计划的编制背景

见 EN 1992-1-1。

Eurocode 计划

见 EN 1992-1-1。

Eurocodes 的地位和应用领域

见 EN 1992-1-1。

执行 Eurocodes 的国家标准

见 EN 1992-1-1。

Eurocodes 和产品统一技术规则(ENs 和 ETAs)之间的联系

见 EN 1992-1-1。

有关 EN 1992-3 的补充规定及其与 EN 1992-1-1 的联系

EN 1992-1-1 中的 1.1.1 定义了 Eurocode 2 的适用范围,1.1.2 定义了 Eurocode 2

中本部分的适用范围。Eurocode 2 计划增加的其他部分见 EN 1992-1-1 的 1.1.3，它们将涉及附加技术或应用，并作为本部分的补充。在 EN 1992-3 中有必要引入非特定针对储液和挡液结构的部分条款，但这些条款严格遵守 EN 1992-1-1。这些条款被认为是 EN 1992-1-1 的有效解释，符合 EN 1993-3 要求的设计被视为符合 EN 1992-1-1 的原则。

应注明，根据防水产品标准制造并使用的任何产品，例如混凝土管，将被认为已经满足本标准的要求(包括构造)，而不需要做进一步计算。

对于设计用于储存食物或饮用水的储存结构，其表面有特殊规定。这些规定十分必要但不包含在本标准内。

在实际应用本标准时，应特别注意 EN 1992-1-1 中 1.3 给出的基本假定和条件。

本文件中的 9 个章节由 4 个资料性附录进行补充说明。在缺乏实际使用材料或实际使用条件信息时，这些附录可提供常规的材料和结构性能信息。

如上所述，应参考国家附件，其给出了使用兼容性辅助标准的详细规定。对 Eurocode 2 的这一部分而言，需特别注意 EN 206-1 混凝土——性能、生产、浇筑及合格标准。

对于 EN 1992-3，以下附加条款是适用的。

Eurocode 2 第 3 部分补充说明了 EN 1992-1-1 中有关液体及粒状固体储存结构的特殊要求。

第 3 部分的框架和结构与 EN 1992-1-1 一致。第 3 部分包括了针对储液和挡液结构的原则性规定与应用性规定。

若 EN 1992-1-1 中的某一子条款在 EN 1992-3 中未被提及，则此子条款被视为适用于各种情况。

本部分对 EN 1992-1-1 中的某些原则性规定与应用性规定进行了修改和替换，在设计储液和挡液结构时，由新条款替代 EN 1992-1-1 中的旧条款。

当 EN 1992-1-1 中的原则性规定与应用性规定被修正或替换时，新编号为原编号加 100。当原则性规定与应用性规定是新增条款时，新编号为 EN 1992-1-1 中相应条款编号向后顺延一个编号再加上 100。

EN 1992-1-1 中未包含的内容在本部分中通过新增子条款来引入。此子条款的编号排在 EN 1992-1-1 中最适当条款的编号后。

本部分中公式、图、脚注和表格的编号也遵循与上述条款编号相同的规则进行调整。

EN 1992-3 的国家附件

本标准标注并给出了允许国家自行选用的数值。因此，EN 1992-3 作为国家标准时应包括一份国家附件,其中包含在对应国家修建的储液和挡液结构,其设计时所需的所有国家定义参数。

EN 1992-3 的以下条款,允许各国自行选择:

—7.3.1(111)

—7.3.1(112)

—7.3.3

—8.10.1.3(102)和(103)

—9.11.1(102)

1 总则

1.1 适用范围

EN 1992-1-1 的 1.1.2 由以下内容替代。

1.1.2 Eurocode 2 第 3 部分的适用范围

(101)P EN 1992 第 3 部分中增加了第 1 部分关于储存液体或颗粒固体的素混凝土、少筋混凝土、钢筋混凝土或预应力混凝土结构设计的补充规定。

(102)P 对于直接支撑所储存液体或材料的结构构件(即储罐、水库或筒仓的直接承重壁),本部分给出了其设计的原则性规定和应用性规定。支撑这些基本构件的其他构件(如水塔中支撑储罐的塔架结构)的设计应遵守 EN 1992-1-1 的条款。

(103)P 本部分不涉及:

—储存超低温或超高温材料的结构;

—储存危险品(其渗漏可造成重大的健康或安全风险)的结构;

—衬砌或涂层的选择及设计,以及此选择给结构设计带来的后果;

—压力容器;

—漂浮结构;

—大坝;

—气密性。

(104)本标准适用于长期处于 -40 ~ 200℃之间的储存材料。

(105)关于衬砌或涂层的选择及设计应参照其他相关文件。

(106)尽管本标准主要涉及液体和颗粒材料的密封结构,但涉及液体密封性设计的条款也可适用于其他对液体密封性有要求的结构类型。

(107)关于渗漏或耐久性条款,本标准主要涉及含水液体的相关条款。若其他种类的液体在储存时直接接触混凝土结构,则应参考其他专业文献的规定。

1.2 规范性引用文件

本欧洲标准引用了下列规范性文件。对于有日期标注的文件,其后续修改或修订不再适用,但鼓励本欧洲标准的协议各方研究应用下列文件最新版本的可能性。对于无日期标注的文件,其最新版本适用于本标准。

EN 1990, Eurocode:结构设计基础

EN 1991-1-5, Eurocode 1:结构上的作用　第 1-5 部分:一般作用——温度作用

EN 1991-4, Eurocode 1:结构上的作用　第 4 部分:筒仓和储罐

EN 1992-1-1, Eurocode 2:混凝土结构　第 1-1 部分:一般规定和房屋建筑规定

EN 1992-1-2, Eurocode 2:混凝土结构　第 1-2 部分:一般规定——防火结构设计

EN 1997, Eurocode 7:岩土工程设计

1.6 符号

见 1.6 后的补充内容。

1.7 Eurocode 2 第 3 部分的特殊符号

大写拉丁字母

R_{ax}——表示与所考虑构件邻近的构件施加的外部轴向约束程度的系数;

R_{m}——表示与所考虑构件邻近的构件施加的外部力矩约束程度的系数。

小写拉丁字母

f_{ctx}——抗拉强度;

f_{ckT}——考虑温度修正的混凝土抗压强度标准值。

希腊字母

ε_{av}——构件平均应变;

ε_{az}——高度 z 处的实际应变;

ε_{iz}——高度 z 处的附加应变;

ε_{Tr}——过渡热应变；

ε_{Th}——混凝土中的自由热应变。

2 设计基础

2.1 要求

2.1.1 基本要求

(3)后的补充:

(104)设计工况应符合 EN 1990、EN 1991-4 和 EN 1991-1-5 第 3 章的规定。另外对于储液和挡液混凝土结构,下列特殊设计工况也可能涉及:

—加注及排出模式下的操作情况;

—粉尘爆炸;

—由储料、环境温度等引起的热效应;

—要求对蓄水池的水密性进行检测。

2.3 基本变量

2.3.1 作用及环境影响

2.3.1.1 一般规定

(1)后的补充:

(102)P EN 1991-4 的规范性附录 B 已给出储液和挡液结构的作用分项系数。

(103)土或地下水引起的作用应根据 EN 1997 获得。

2.3.2 材料特性和产品性能

2.3.2.3 混凝土防水性能

(101)如选用 9.11(102)中给出的构件最小厚度,可采用低水灰比,并应限制最大集料粒径。

3 材料

3.1 混凝土

3.1.1 一般规定

(103)设计中应考虑温度对混凝土性能的影响。

注:更多信息可见资料性附录 K。

3.1.3 弹性变形

(5)由此替代:

(105)除非有更准确的信息,否则热膨胀的线性系数可取 $10\times10^{-6}K^{-1}$。但应注意,混凝土热膨胀系数因混凝土中集料类型和水分条件的不同而显著变化。

3.1.4 徐变和收缩

应用性规定(5)后的补充:

(106)若某部件长期暴露在高温(>50℃)条件下,徐变性能会显著变化。当此影响较大时,应根据设定的特殊使用条件获得适当的数据。

注:资料性附录 K 给出了在温度升高情况下估算徐变效应的指南。

3.1.11 水化作用引起的水化热及温度变化

(101)当施工条件影响较大时,应通过试验获得特定水泥的水化热特性。实际水化热的确定应考虑构件浇筑初期的预期条件(如养护、环境条件)。浇筑后的最大温升及持续时间应通过混凝土配合比设计、模板性质、环境条件和边界条件确定。

3.2 钢筋

3.2.2 性能

(107)对于承受温度在 -40 ~ 100℃之间变化的钢筋(如没有进行特别研究),应参考 EN 1992-1-1 的3.2.2。若温度超过此范围,见 EN 1992-1-2 的3.2.3 的相关内容。对于钢筋在温度 20℃以上时的松弛,见 EN 1992-1-2 的 10.3.2.2。

3.3 预应力筋

3.3.2 性能

(110)对于承受温度在 -40 ~ 100℃之间变化的预应力筋(如没有进行特别研究),强度和松弛的取值与"正常温度"下的取值相同。对于更高的温度,见 EN 1992-1-2 的 3.2.4 的相关内容。

4 耐久性和钢筋保护层

4.3 耐久性要求

4.4.1.2(13)后的补充:

(114)筒仓壁内表面的磨损可能会导致所储存材料的污染或保护层的严重损坏。可能出现的三种磨损作用机制如下:

—在加注和排出过程中的机械侵蚀;

—温度或湿度条件变化引起的腐蚀或侵蚀造成的物理侵蚀;

—混凝土与储料间的反应造成的化学侵蚀。

(115)应采取适当措施确保受磨损部件在设计使用年限内能正常使用。

5 结构分析

5.11 后的补充：

5.12 温度效应的确定

5.12.1 一般规定

(101)徐变及收缩可根据 EN 1992-1-1 的 3.1.4 及附录 B 进行精确分析。

(102)如储料自身发热或在温度高时被装入，储存结构可能出现高温梯度。在这种情况下，有必要计算由此产生的温度梯度及随之产生的内力和弯矩。

5.13 内部压力效应计算

(101)固体颗粒材料所引起的内部压力直接作用于混凝土内表面。在缺乏更精确分析的情况下，液体所引起的内部压力可假定作用在储存构件的中心。

6 承载能力极限状态

见6.2.3(8)后的补充内容。

(109)6.3.2(2)中对抗剪承载力压杆倾角的选择应考虑任意有效拉力的影响。$\cot\theta$ 可保守地取1.0,也可使用EN 1992-2附录QQ的方法。

见6.8后的补充内容。

6.9 粉尘爆炸设计

6.9.1 一般规定

(101)P 当筒仓被用来储存可能发生粉尘爆炸的材料时,其结构设计应能承受爆炸产生的预期最大压力,或适当设置排压装置将压力降至可接受的水平。EN 1991-4给出了由粉尘爆炸产生的相应荷载,EN 1991-1-7中包含了与爆炸设计有关的一般注意事项,并应注意6.9.2(101)~(105)中的要点。

(102)P 经通气口排火时不应对环境造成损害,也不应引起筒仓其他部分的爆炸。应尽量降低玻璃或其他碎片飞溅对人员造成的风险。

(103)用于降低爆炸压力而设置的排压装置,其出口应直通户外。

(104)排压系统应在低压下启动并具有低惯性。

(105)粉尘爆炸作用应视为偶然作用。

6.9.2 结构构件设计

(101)筒仓空置时对应的爆炸压力最大,但筒仓部分填充时对应的爆炸压力与大块储料对筒壁压力共同作用时可能出现更不利的设计工况。

(102)由于热烟的冷却,气体快速排放而产生惯性力时可能出现负压。设计流动路径上的围护结构和构件时,应考虑此情况。

(103)通风设施的组成构件应固定,以防飞出并增加飞屑的风险。

(104)在结构构件设计中应考虑因排气释放压力而产生的反作用力。

(105)当预期有复杂安装或爆炸会带来高伤害风险时,应寻求专家协助。

7 正常使用极限状态

7.3 裂缝

7.3.1 一般规定

(9)后的补充:

(110)根据抗渗漏程度对储液结构进行分级较为方便,此分级见表7.105。应注意,所有混凝土均允许少量液体和气体通过扩散渗漏。

表7.105 密闭性等级

密闭性等级	渗漏要求
0	可接受一定程度的渗漏,或液体渗漏无影响
1	允许少量渗漏,某些表面污痕或潮湿印记可接受
2	最小化的渗漏,外观不允许有污痕
3	不允许渗漏

(111)应根据构件密闭性等级选择合适的裂缝限值,同时适当考虑结构的功能需求。如缺乏更详细的要求,可采用下列规定:

密闭性等级0级——可采用EN 1992-1-1中7.3.1的规定。

密闭性等级1级——任何可能贯通截面厚度的裂缝应控制在w_{k1}限值内。如无贯通截面厚度的裂缝,且满足下列(112)和(113)中的条件,可采用EN 1992-1-1中7.3.1的规定。

密闭性等级2级——除非已采取适当措施(如衬砌或止水条),否则不应有任何贯通截面厚度的裂缝。

密闭性等级3级——通常应采取特殊措施(如衬砌或预应力),以保证密闭性。

注:各国使用的w_{k1}值可见其国家附件。储液结构的推荐值为静水压力h_D与储液结构壁厚h之比的函数。当$h_D/h \leq 5$时,$w_{k1}=0.2$mm;当$h_D/h \geq 35$时,$w_{k1}=0.05$mm;当h_D/h取5~35之间的值,w_{k1}可在0.2~0.05mm之间采用线性内插法得到。对裂缝宽度做上述限制可在相对短时间内有效密封裂缝。

(112)为确保密闭性等级2级和3级结构不产生贯通截面厚度的裂缝,准永久组合下受压区高度的设计值不应小于x_{min}。当截面承受交变荷载时,除非证明截面某部分始终保持受压状态,否则裂缝应按贯穿截面厚度的裂缝考虑。在所有有效组合下,混凝土受压区高度均不应小于x_{min}。可假定材料具有线弹性性能来计算作用效应。应假定在忽略混凝土受拉的条件下来计算截面应力。

注:各国使用的x_{min}值可见其国家附件。x_{min}推荐值为50mm和0.2h中的较小值,其中h为构件厚度。

(113)如果满足7.3.1(111)中密闭性等级1级的规定,则对于使用期内荷载或温度没有重大变化的构件,可修复其渗水的裂缝。当无更准确的信息时,如在正常使用情况下预计截面应变小于150×10^{-6},则可假定裂缝能修复。

(114)如不能自闭合,则任何贯通截面厚度的裂缝都可能导致渗漏(与裂缝宽度无关)。

(115)储存干燥材料的筒仓通常可按密闭性等级0级设计,但是如果储存材料对湿气很敏感,则可按密闭性等级1级、2级或3级标准来设计。

(116)应特别注意构件因受到收缩或热运动的约束作用而产生的拉应力。

(117)储液结构的验收标准可包括最大渗漏水平。

7.3.3 无须直接计算的裂缝控制

替代应用性规定(2)中的注:

注:若采用7.3.2中的最小配筋量,则全受拉截面的各种设计裂缝宽度对应的最大钢筋直径及钢筋间距见图7.103N和图7.104N。

式(7.7)只适用于在纯弯曲条件下计算ϕ_s^*,图7.103N给出的最大钢筋直径应按照式(7.122)修正:

$$\phi_s = \phi_s^* \left(\frac{f_{ct,eff}}{2.9}\right)\frac{h}{10(h-d)} \tag{7.122}$$

式中:ϕ_s——修正后的最大钢筋直径;

ϕ_s^*——从图7.103N中得出的最大钢筋直径;

h——构件的总厚度;

d——最外层钢筋的质心与混凝土表面的距离[见第1部分的图7.1c)];

$f_{ct,eff}$——第1部分中定义的混凝土抗拉强度的有效平均值[MPa]。

对于主要由约束造成的裂缝,当钢筋应力为刚出现裂缝时的值[即式(7.1)中的σ_s]时,钢筋直径不应超过图7.103N所给出的值。

对于主要由加载造成的裂缝,设计裂缝尺寸应符合图 7.103N 给出的最大钢筋直径或图 7.104N 给出的最大钢筋间距限值的要求。钢筋应力应在相关作用组合下的开裂截面上计算。

设计裂缝宽度在 0 至限值之间的中间值可用内插法计算得到。

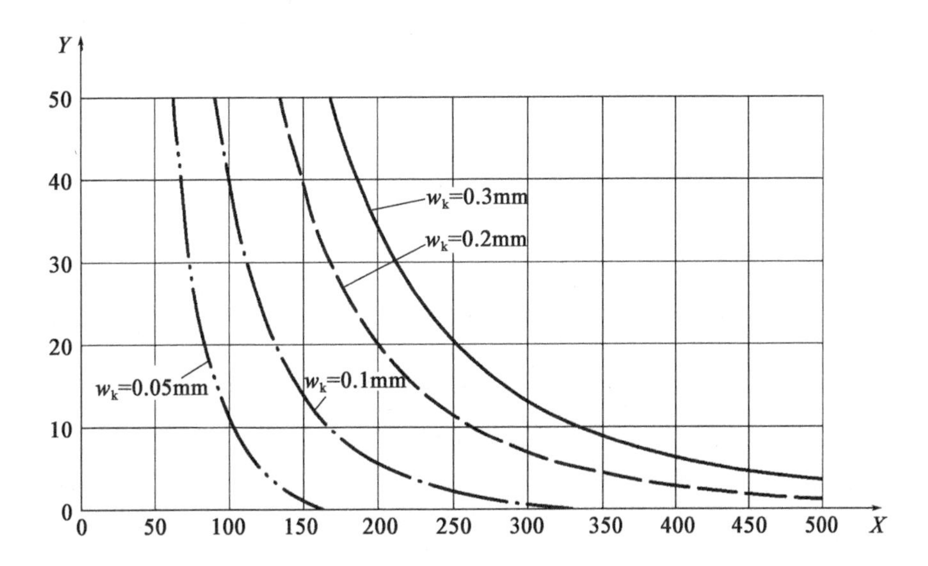

图注：X-钢筋应力σ_s[N/mm²]
Y-最大钢筋直径[mm]

图 7.103N　轴向受拉构件裂缝控制的最大钢筋直径

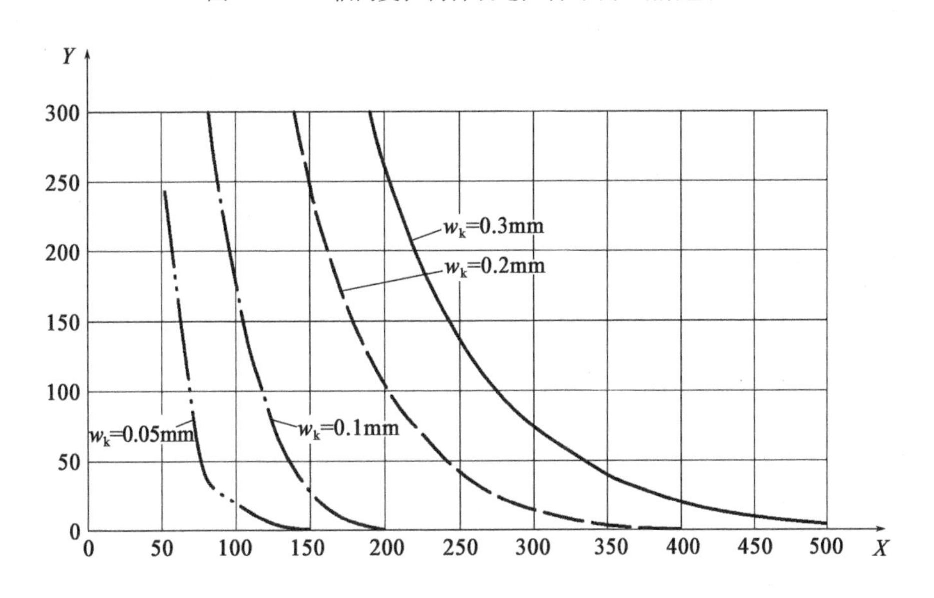

图注：X-钢筋应力σ_s[N/mm²]
Y-最大钢筋间距[mm]

图 7.104N　轴向受拉构件裂缝控制的最大钢筋间距

7.3.4 裂缝宽度计算

应用性规定(5)后的补充:

(106)对于受到热膨胀和收缩应变约束的构件,裂缝宽度的计算见资料性附录L和附录M。

7.3.4后的补充:

7.3.5 最大限度地减少由受约束附加变形产生的裂缝

(101)为最大限度地减少由于温度变化或收缩引起的附加变形造成的裂缝,对于密闭性等级1级结构(见表7.105),可通过适当的调整避免混凝土的拉应力超过混凝土的有效抗拉强度$f_{ctk,0.05}$来保证。对于双向应力状态(见EN 1992-2附录QQ)及不使用衬砌的密闭性等级2级或3级结构,可通过保持整个截面受压来保证。这种情况可通过下列方法实现:

—限制由水泥水化引起的温升;

—消除或减少约束;

—减少混凝土收缩;

—使用具有低热膨胀系数的混凝土;

—使用具有高抗拉应变性能的混凝土(只适用于密闭性等级1级结构);

—应用预应力。

(102)一般来说,通过假定混凝土具有弹性且允许徐变效应,并运用混凝土有效弹性模量进行的应力计算通常具有足够的精度。当无更精确的计算方法时,资料性附录L提供了一种受约束混凝土构件中应力和应变的简化评估方法。

8 构造规定

8.10.1 预应力筋和孔道的布置

8.10.1.3 后张拉孔道

应用性规定(1)后的补充:

(102)当圆形储罐有体内预应力时,需注意避免预应力筋崩出内保护层造成局部破坏。通常当水平锚索的理论质心处于壁的外部1/3处时,这种情况可以避免。当保护层的规定使得此种情况不会发生时,若预应力筋孔道处于壁的外部1/2处,则可放松此要求。

(103)壁内的孔道直径通常不应超过壁厚的 κ 倍。

注:各国使用的 κ 值可见其国家附件,推荐值为 $\kappa = 0.25$。

(104)壁内预应力应尽量均布,除非已采取特殊措施考虑此效应,否则锚固件或支墩的布置应尽量降低应力不均匀分布的可能性。

(105)当结构中有竖向无粘结预应力筋且承受高温时,保护油脂易于流出。为避免这种情况发生,建议避免使用无粘结预应力筋承受竖向预应力。如已经采用此种方式,必要时应采取检查措施和更换保护油脂。

8.10.4 预应力筋的锚固件及连接件

应用性规定(5)后的补充:

(106)如锚固件设置在储罐内侧,应特别注意锚固件的防腐。

9 构件构造和特殊规定

9.6 钢筋混凝土壁

见9.6.4后的补充内容。

9.6.5 壁转角连接

(101)当壁在转角处连接成整体并承受使转角张开的弯矩和剪力时(即壁内表面受拉),需注意对钢筋进行细部设计以保证满足斜拉力的受力要求。EN 1992-1-1中5.6.4所述的拉压杆模型是一种合适的设计方法。

9.6.6 变形缝设置

(101)如不能采取有效且经济的方法来限制裂缝,则储液结构应设置变形缝。采用的策略取决于结构的使用条件及可接受的渗漏风险程度。不同国家已经形成了各自完善的变形缝设计和施工规程。需要注意的是,变形缝应正确设置才可具有令人满意的性能。此外,通常变形缝密封剂的使用年限比结构的设计使用年限短,因此变形缝的施工应使其便于检查、修复或更换。关于变形缝的更多规定,见资料性附录N,同时亦有必要确保密封剂材料适合所储存的材料或液体。

9.11 预应力壁

9.11.1 被动加固的最小面积及横截面尺寸

(101)如果没有竖向预应力(或倾斜壁内没有倾斜预应力),则应根据钢筋混凝土的设计来布置竖向(或倾斜)钢筋。

(102)通常,蓄水池或储罐壁厚对于密闭性等级 0 级结构不应小于 t_1,对于密闭性等级 1 级或 2 级结构不应小于 t_2。采用滑模施工的壁厚则不分等级均不应小于 t_2,且起重装置预留洞应灌注合适的浆料。

注:国家附件中给出了各国使用的 t_1 和 t_2 值。推荐值为 $t_1 = 120\text{mm}$,$t_2 = 150\text{mm}$。

附录 K

(资料性)

温度对混凝土性能的影响

K.1 一般规定

(101)此附录涵盖了-25～200℃之间的温度变化对混凝土材料性能的影响。性能包括:强度和刚度、徐变和过渡热应变。

(102)在任何情况下,性能改变很大程度上取决于所使用混凝土的具体类型,本附录只提供一般性指导。

K.2 0℃以下的材料特性

(101)当混凝土被冷却至0℃以下时,其强度和刚度会增加。此增量主要取决于混凝土的含水率:含水率越高,强度和刚度增量越大。应注意性能的提高只适用于长期处于-25℃以下的结构。

(102)冷却混凝土至-25℃可提高混凝土的抗压强度:

—对于部分干燥混凝土,抗压强度提高约5MPa。

—对于饱和混凝土,抗压强度提高约30MPa。

(103)对于表3.1中的抗拉强度公式,可按下式进行温度效应修正:

$$f_{ctx} = \alpha f_{ckT}^{2/3} \tag{K.1}$$

式中:f_{ctx}——抗拉强度,无论如何定义(见表K.1);

α——考虑混凝土含水率的系数,α的取值见表K.1;

f_{ckT}——根据上述(102)考虑温度修正的混凝土抗压强度标准值。

表 K.1 饱和与干燥混凝土的 α 值

抗拉强度定义(f_{ctx})	饱和混凝土	干燥混凝土
f_{ctm}	0.47	0.30
$f_{ctk\ 0.05}$	0.27	0.21
$f_{ctk\ 0.95}$	0.95	0.39

(104)冷却混凝土至 -25℃可提高混凝土的弹性模量:

—对于部分干燥混凝土,弹性模量提高约 2000MPa;

—对于饱和混凝土,弹性模量提高约 8000MPa。

(105)0℃以下的徐变可按正常温度下徐变的 60% ~80% 取值。-20℃以下的徐变可忽略不计。

K.3 高温下的材料特性

(101)高于常温时,混凝土抗压强度与抗拉强度的信息见 EN 1992-1-2 的 3.2.2。

(102)可假定混凝土的弹性模量在 50℃以下时不受影响。高于此温度时,弹性模量可假定呈线性降低,在 200℃时降低幅度为 20%。

(103)对于受热后再承受荷载的混凝土,根据表 K.2 中适当的系数,可以假定徐变系数随着与正常温度(设为 20℃)的温差增加而增大。

表 K.2 当混凝土受热后再承受荷载时,考虑了温度变化的徐变放大系数

温度(℃)	徐变放大系数
20	1.00
50	1.35
100	1.96
150	2.58
200	3.20
注:表中所示数值由 CEB 公告 208 推导得出,并且与基于 8kJ/mol 的徐变激活能计算出的乘数一致。	

(104)当混凝土在加热过程中承受荷载时,产生的变形会超出用上述(103)中徐变放大系数计算的变形值。此过度变形即过渡热应变,是一种不可恢复、与时间无关的应变,发生在受力条件下的受热混凝土中。最大过渡热应变可通过下式得到近似值:

$$\varepsilon_{Tr} = \kappa \sigma_c \varepsilon_{Th} / f_{cm} \tag{K.2}$$

式中:κ——由试验得出的常量,取值范围为 $1.8 \leq \kappa \leq 2.35$;

f_{cm}——混凝土平均抗压强度；

ε_{Tr}——过渡热应变；

ε_{Th}——混凝土中的自由热应变（ε_{Th} = 温度变化 × 膨胀系数）；

σ_c——施加的压应力。

附录 L
(资料性)
承受约束附加变形的混凝土截面应变和应力计算

L.1 未开裂截面的应力和应变计算公式

(101)截面任意高度处的应变可由下式得出：

$$\varepsilon_{az} = (1 - R_{ax})\varepsilon_{i_{av}} + (1 - R_{m})(1/r)(z - \underline{z}) \quad (L.1)$$

混凝土的应力可由下式计算：

$$\sigma_{z} = E_{c,eff}(\varepsilon_{iz} - \varepsilon_{az}) \quad (L.2)$$

式中：R_{ax}——表示与所考虑构件邻近的构件施加的外部轴向约束程度的系数；

R_{m}——表示与所考虑构件邻近的构件施加的外部力矩约束程度的系数，R_{m} 通常可取为 1.0；

$E_{c,eff}$——适当考虑徐变的混凝土有效弹性模量；

$\varepsilon_{i_{av}}$——构件中的平均附加应变（即在构件完全处于无约束状态下的平均应变）；

ε_{iz}——高度 z 处的附加应变；

ε_{az}——高度 z 处的实际应变；

z——至截面的高度；

$\underline{z}$——至截面质心的高度；

$1/r$——曲率。

L.2 约束评价

(101)可通过所考虑构件及附着其上的构件的刚度来计算约束系数。或者可从图 L.1 和表 L.1 中获得常见情况的实际轴向约束系数。多数情况下构件(如浇注在已存在的重型基座上的壁)不会发生明显的弯曲,则力矩约束系数可取 1.0。

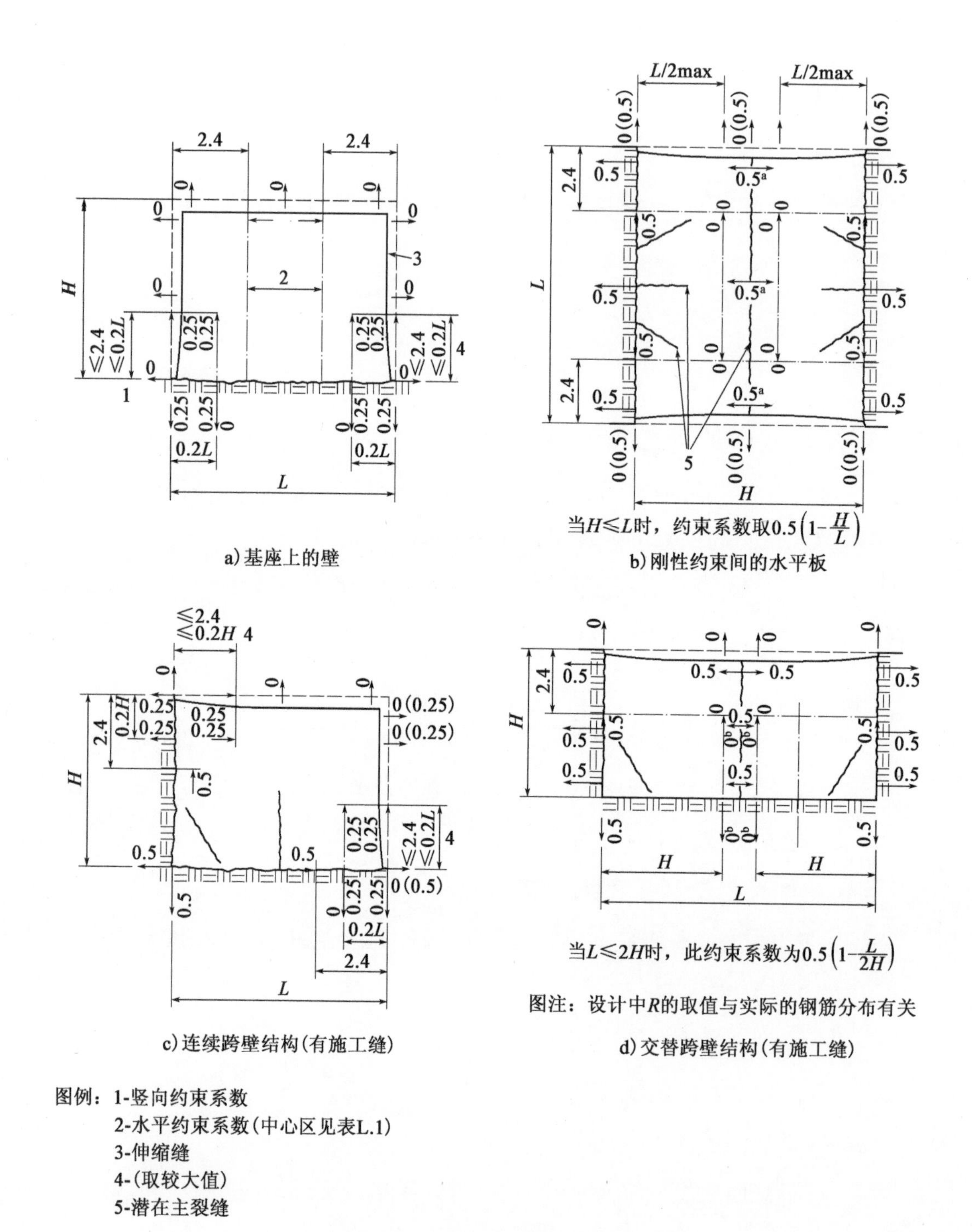

图 L.1　典型条件下的约束系数

表 L.1　图 L.1 所示壁的中心区约束系数

比值 L/H(见图 L.1)	底部约束系数	顶部约束系数
1	0.5	0
2	0.5	0
3	0.5	0.05
4	0.5	0.3
>8	0.5	0.5

附录 M
(资料性)
附加变形约束引起的裂缝宽度计算

M.1 一般规定

(101)本附录所涉及的附加变形包括收缩和浇注后几天内构件冷却引起的初期热运动。

有两个基本的实际问题需要说明。这些问题与不同类型的约束有关,如图 M.1 所示。

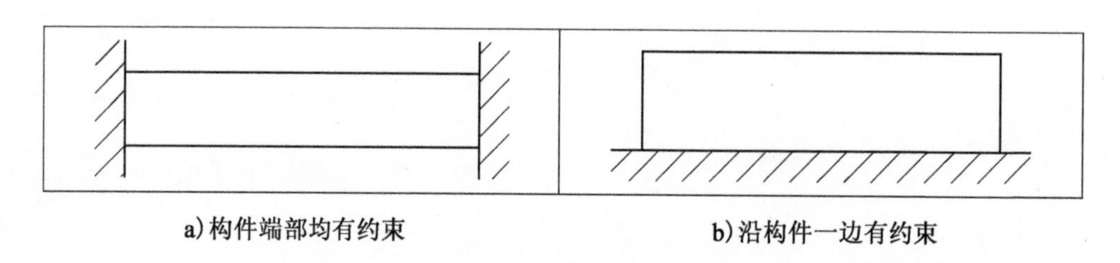

图 M.1 壁的约束类型

在这两种情况下,控制裂缝的因素差异很大,但两者都具有实际意义。当在两个已有部分之间新浇注混凝土时,出现情况 a)。当在已有刚性基础上浇注壁时,情况 b)很常见。最近几十年里情况 a)已得到了广泛研究,且已经得到合理的理解。而情况 b)尚未进行系统研究,几乎未见已发表的成果。

M.2 构件的约束

(a)构件端部约束

裂缝最大宽度可由 EN 1992-1-1 中的式(7.8)计算,其中($\varepsilon_{sm}-\varepsilon_{cm}$)可通过式(M.1)计算。

$$(\varepsilon_{sm} - \varepsilon_{cm}) = 0.5\alpha_e k_c k f_{ct,eff}[1 + 1/(\alpha_e \rho)]/E_s \qquad (M.1)$$

当不通过直接计算来验算裂缝时，σ_s 可通过式（M.2）计算，然后结合图 7.103N及图 7.104N 得到合理的钢筋布置。

$$\sigma_s = k_c k f_{ct,eff}/\rho \qquad (M.2)$$

式中：$\rho = A_s/A_{ct}$，A_{ct}为 7.3.2 中定义的受拉混凝土面积。

（b）沿构件一边有约束的长壁

与端部约束情况不同，这种情况下裂缝的形成只在局部影响应力的分布，且裂缝宽度是混凝土约束应变的函数，而非混凝土抗拉应变承载力的函数。裂缝宽度可通过将式（M.3）中给出的（$\varepsilon_{sm} - \varepsilon_{cm}$）代入 EN 1992-1-1 中的式（7.8）合理估算。

$$(\varepsilon_{sm} - \varepsilon_{cm}) = R_{ax}\varepsilon_{free} \qquad (M.3)$$

式中：R_{ax}——约束系数，见资料性附录 L；

ε_{free}——构件处于完全无约束情况下的应变。

图 M.2 说明了两种约束情况下裂缝之间的差异。

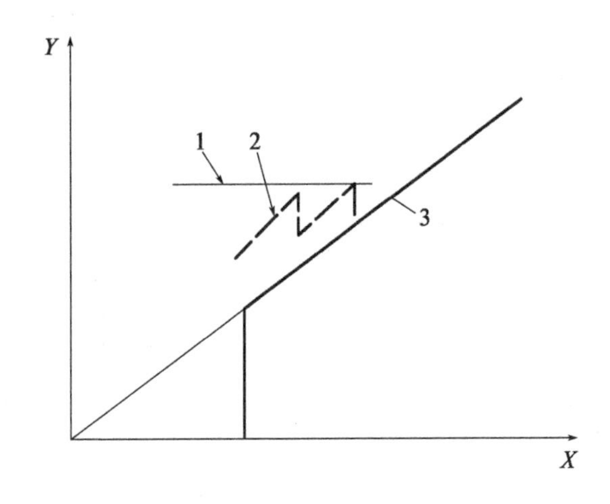

图注：*X*-附加变形
***Y*-裂缝宽度**
1-式（M.1）
2-端部约束引起的裂缝
3-一边约束引起的裂缝[式（M.3）]

图 M.2　边约束与端约束壁的裂缝宽度和外加应变的关系

附录 N

(资料性)

变形缝设置

(101)主要有两种情况：

a)全约束设计。在此情况下不设置变形缝,裂缝宽度与间距根据 7.3 的规定通过设置适当钢筋来控制。

b)自由移动设计。裂缝由临近的接缝控制。设置适量的钢筋足以将任何移动传递到相邻的接缝。变形缝之间不应出现严重裂缝。在所考虑的构件下方的混凝土提供约束的情况下,需要用一个滑动接缝来消除或缓解约束。

表 N.1 列出了方案建议。

表 N.1 控制裂缝的接缝设计

方案	控制方式	变形缝间距	配筋
(a)	连续(全约束)	一般不设缝,但若出现很大附加变形(如温度或收缩),则需使用间距较大的缝	按第 6 章和 7.3 的规定配筋
(b)	小间距变形缝(最小约束)	取 5m 和 1.5 倍壁高的较大值设贯通缝	按第 6 章的规定配筋,但不得少于 9.6.2 ~ 9.6.4 中要求的最小配筋数量